# 海洋动物大探秘

英国 Vampire Squid Productions 有限公司 / 著绘
海豚传媒 / 编

## 神秘隐士

长江出版传媒 | 长江少年儿童出版社

# LET'S GO

亲爱的小朋友，我是巴克队长！欢迎乘坐章鱼堡，开启美妙的探险之旅。

这次我们将要探访海洋的九大**神秘隐士**，你准备好了吗？

**现在，一起出发吧！**

# 目 录



EXPLORE . RESCUE . PROTECT

## 海底档案

名称：乌贼

本领：变色、喷墨

分布：世界各大洋

食物：甲壳动物、软体动物

# 变色能手

# 乌 贼

皮医生在海里碰到了一个“会走路”的石头，她仔细观察后发现，那居然是一只乌贼！皮医生走近查看，那乌贼立刻变换了身体颜色！

原来，乌贼体内有数百万个色素细胞。仅需几秒，乌贼就能根据周围环境调整体内色素囊的大小，从而改变身体的颜色伪装自己，真是名副其实的变色能手！

呱唧：

“乌贼不仅能变大变小，还能变颜色！”

那只乌贼拿着章鱼罗盘，罗盘一闪一闪地切换着不同颜色，乌贼也跟着改变自身的颜色。这一变身绝技，让海底小纵队惊叹不已！

乌贼还给大家展示了膨胀身体的技能。更神奇的是，乌贼身体里有一个墨囊，在遇到危险时，它们会迅速喷出墨汁，掩护自己逃生。

>>>>>海星问答区>>>>> 问：乌贼什么情况下会喷墨汁？

呱唧和皮医生游到乌贼身边，想与它合个影。突然，调皮的乌贼喷出了墨汁，给大家展示了它的分身大法！

## 悄悄告诉你

乌贼别名墨鱼，是一种海洋软体动物，它们不属于鱼类。

乌贼有时会跃出水面，人们可以在水面上看到它跳跃的身姿。

乌贼在日常活动时运动十分缓慢，但一旦遇到险情，它们会以每秒15米的速度逃避敌人的追捕。

### 乌 贼

## 海底报告

乌贼大小能改变  
变化就在一瞬间  
皮肤颜色也能换  
融入环境看不见  
害怕了就喷墨汁  
变出分身来，自己逃得远

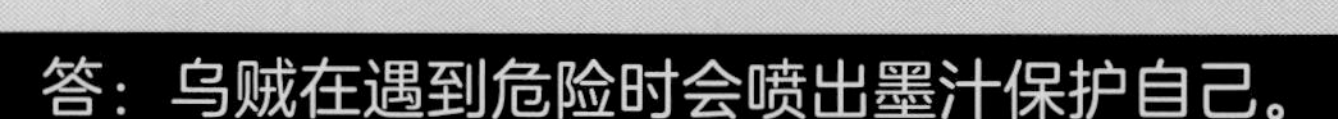

## 海底档案

名称：管虫

体长：可达2米

分布：海底热液地区

食物：以浮游生物为主

## 深海玫瑰

# 管 虫

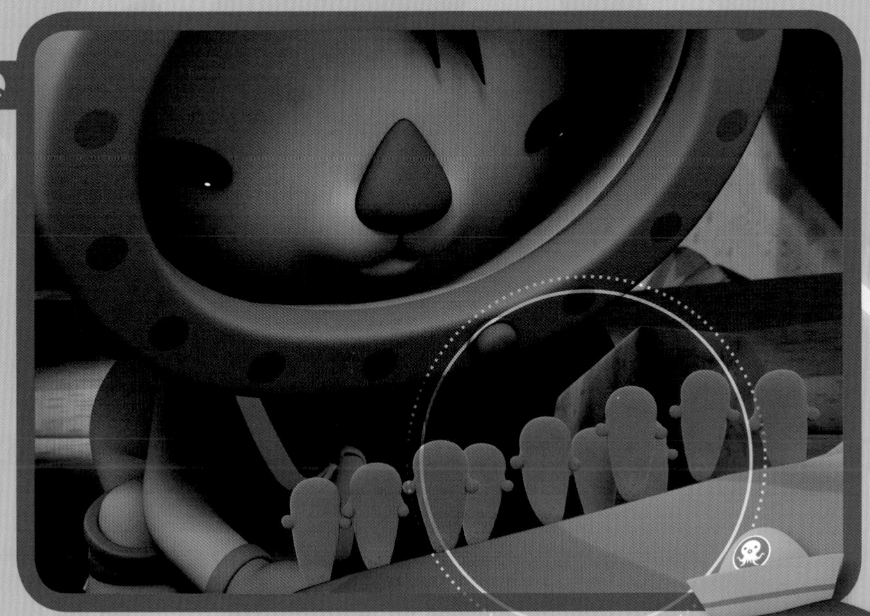

管虫宝宝原来居住的热泉喷口破裂后变得十分寒冷，海底小纵队几经周折后为管虫宝宝找到了新家，管虫宝宝们十分开心！

管虫又叫管蠕虫，是一种大型动物，身体能长到 2 米。它们身体上端是红色的肉头，下端是一根直直的白色管子，因此得名管虫。

**谢灵通：**

“原来管虫和雪人蟹一样，也住在深海热泉旁啊！”

管虫宝宝的新家附近还住着火山虾和雪人蟹，达西西为管虫宝宝和邻居们拍下了珍贵的合影。海底小纵队安顿好管虫宝宝后放心地离开了。

长大后的管虫不再是浮游状态。它们的底部紧紧地附着在海底岩石上，红色肉头部分则生长在水中，与海水充分接触以获取氧气。

>>>>>>海星问答区>>>>>> 问：管虫的肉头部分为什么呈鲜红色?

管虫虽然生活在阳光完全照射不到的深海，却有着和哺乳动物一样鲜红的血液。管虫的血液中充满了铁质丰富的血红蛋白，这也是它肉头部分呈艳丽红色的原因。

海底热液区充斥着大量的硫化氢。硫化物对于生物来讲是致命的，而管虫血液中的特殊血红蛋白能与硫化氢结合，避免中毒。

## 悄悄告诉你

管虫底部处于20℃左右的热液附近，上部却处在接近2℃的海水中，身体跨越了十几度的温差，这在其他生物中极为罕见。

科研人员曾在太平洋的海底热液喷发口发现了长达2米的管虫。

答：因为它们的血液中充满了铁质丰富的血红蛋白。

## 海底档案

名称：海马

体长：5~30厘米

分布：大西洋、太平洋、澳大利亚等

食物：小型甲壳动物

# 优雅的舞蹈家

# 海　马

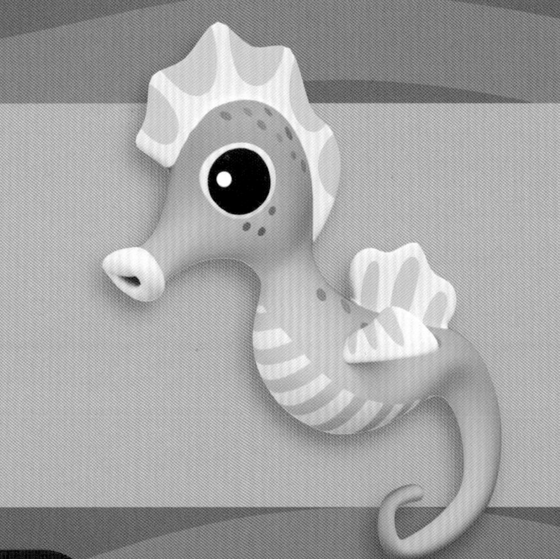

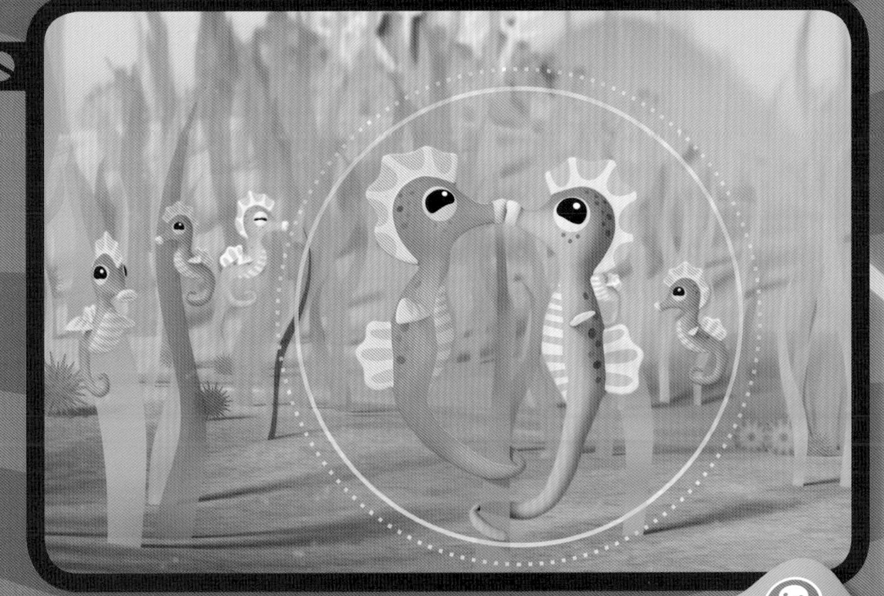

海底小纵队在海藻林里遇见了一群正在翩翩起舞的海马。它们的皮肤色彩鲜艳，头与身体几乎呈直角，因头部形状与马相似，故得名海马。

队长给呱唧介绍，海马正在跳的是求爱舞，它们在恋爱时，会根据喜欢程度改变身体的颜色，时不时还会拥抱在一起。呱唧觉得神奇极了！

**巴克队长：**

“海马不是马，它们也是鱼！”

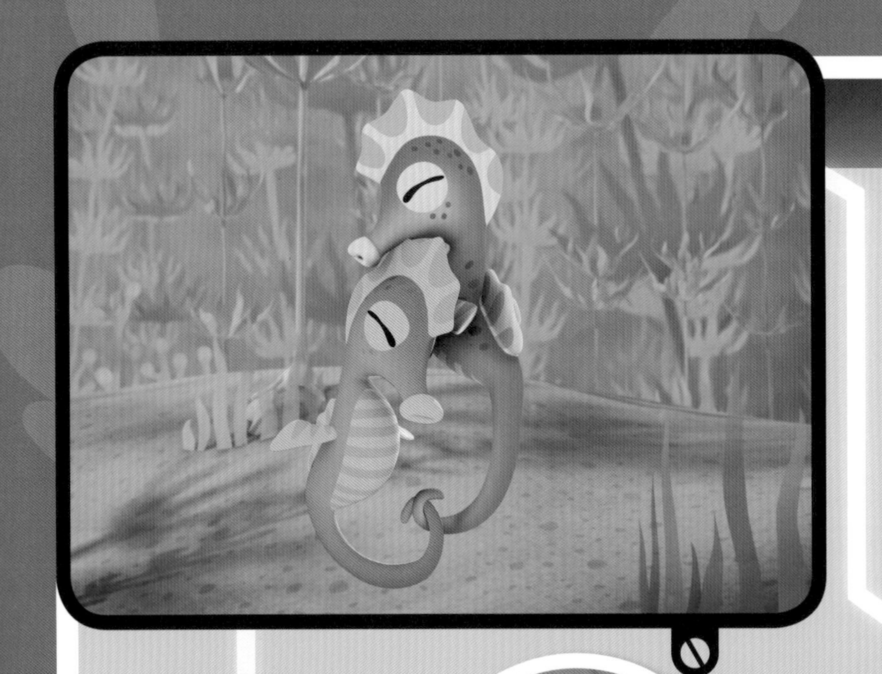

海马的嘴呈长管状，只能吸食体形较小的动物。由于海马头部形状特殊，在朝猎物移动时，附近的水波变化极小，猎物很难察觉到它们，所以海马总能偷袭成功。

海马不擅长游泳，它们喜欢栖息在海藻林或珊瑚礁里。为了固定身体，海马会用卷曲的尾巴紧紧勾住珊瑚的枝节或者海藻的叶片，以防自己被激流卷走。

>>>>>海星问答区>>>>> 问：为什么海马要把尾巴勾在海藻叶上？

海马由雄性孵化后代，每年的 5 月到 8 月是海马的繁殖期。海马妈妈会把卵产在海马爸爸的育儿袋中，大约 50 多天后，小海马就会从育儿袋中出生啦！

## 悄悄告诉你

成年海马对饥饿有极强的忍耐力，它们能够连续 100 多天不进食。

海马游泳时会将身体直立在水中，用背鳍和胸鳍做高频率地波状摆动，姿势十分优美。

尽管海马是雄性负责生育，但雄性海马几乎不跟孩子一起玩耍。

### 海 马

## 海底报告

海马游泳不太好
尾巴扒着海草牢
恋爱时候变颜色
荡来荡去真逍遥
海马宝宝真是好
海马爸爸怀孕生宝宝

答：因为它们不擅长游泳，勾住海藻叶能防止自己被卷走。

## 海底档案

名称：寄居蟹

别名：白住房

特征：多寄居在螺壳内

食物：藻类、食物残渣、寄生虫等

## 会走路的房子

# 寄居蟹

达西西在海滩上发现了一个漂亮的螺壳，壳里还藏着一只寄居蟹！寄居蟹多寄居在螺壳内，平时喜欢背着螺壳爬行，受到惊吓时会立刻将身体缩入螺壳内。

寄居蟹刚出生时身体较为柔软，易被捕食，所以它们必须找一个房子来保护自己。寄居蟹的房子千奇百怪，有海螺壳、贝壳、蜗牛壳，环境恶劣时它们还会用瓶盖来当房子。

皮医生：

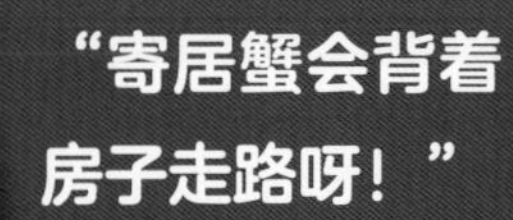

“寄居蟹会背着房子走路呀！”

世界上现存的寄居蟹有500多种，绝大部分生活在水中，少数生活在陆地上。有一些寄居蟹现在已经不再寄居在甲壳里，而是自己长出了硬壳，也叫硬壳寄居蟹。

寄居蟹是杂食性动物。不管是藻类、寄生虫，还是食物残渣，寄居蟹无所不食，它们也因此被称为“清道夫”。

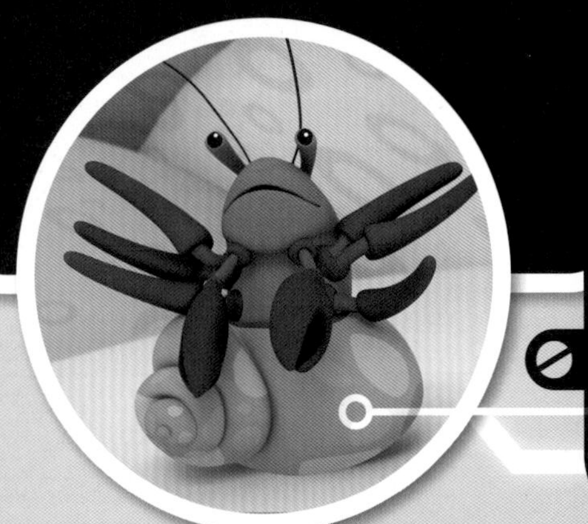

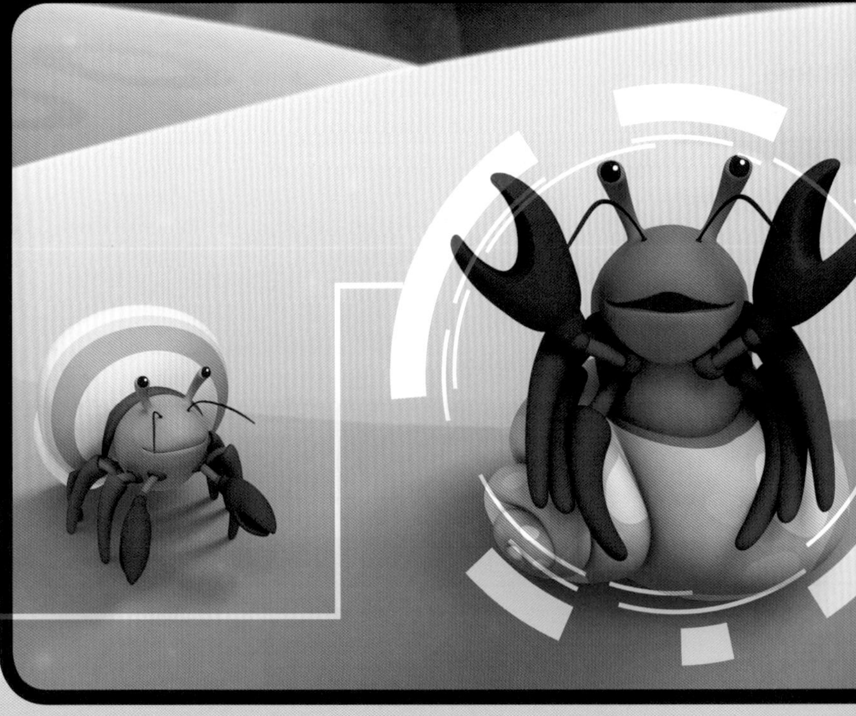



>>>>>海星问答区>>>>> 问：寄居蟹的房子有哪些？

随着身体逐渐长大，寄居蟹需要不断更换大的房子。一只寄居蟹卡在了它的壳里，皮医生用打气筒将它救了出来，还送给它一个大螺壳当新家。

## 悄悄告诉你

寄居蟹的寿命一般为2~5年，但是在良好的环境下，它们可以活20~30年，有记载最长的活了70多年。

因为经常背着壳行动，寄居蟹的左螯和右螯常常大小不一。

寄居蟹常与其他动物共生，如艾氏活额寄居蟹的大螯上常寄生着海葵。

### 寄居蟹
## 海底报告

寄居蟹它没有壳
它们寻找一个最合适的壳
找到一个住得下的壳
直到它们长得太大
那时寄居蟹就知道
该去找个新壳，又该搬家了

答：寄居蟹的房子有海螺壳、贝壳、蜗牛壳和瓶盖等。

## 海底档案

名称：腔棘鱼

别名：空棘鱼

特征：鱼鳞坚硬

分布：印度洋海域

## 最古老的鱼

# 腔棘鱼

腔棘鱼是一种大型硬骨鱼，是现今存活的最古老的鱼类。腔棘鱼又被称为空棘鱼，因其脊柱中空而得名。它们长着铠甲般坚硬的鳞和手脚一样灵活的鱼鳍。

腔棘鱼大多生活在压强极大的深海，那里黑暗寒冷。腔棘鱼常把自己隐藏在海底礁石的洞穴里，海底小纵队就是在一个洞穴里发现了腔棘鱼。

**谢灵通：**

“太幸运了，我们居然遇见了最古老的鱼！”

腔棘鱼有 8 只鳍，它们的尾巴和鳍都十分有力。腔棘鱼还曾用尾巴帮呱唧挡住了碎石，石头一下子就被弹得很远，引得呱唧连声赞叹。

与大多数鱼类不同，腔棘鱼的大脑在头盖骨内，控制嘴巴开合的关节也长在头盖骨内。腔棘鱼吃食物时不会细细咀嚼，而是直接吞下食物。



>>>>>海星问答区>>>>> 问：腔棘鱼常居住在哪里？

在 4 亿年前，腔棘鱼的祖先凭借强壮的鳍，爬上了陆地。其中一部分经过一段时间的适应后，变成了四足动物，而另一部分在陆地上屡受挫折，又重新返回了大海。

## 悄悄告诉你

科学家一度认为腔棘鱼早在 6000 万年前就已经灭绝，直到 1938 年渔民陆续捕到了活的腔棘鱼，这一论断才被打破。

腔棘鱼身体很重，但鳍呈肢状，可以灵活地在海底爬行。

腔棘鱼

## 海底报告

腔棘鱼们历史长
依然活在地球上
腔棘鱼害羞又温顺
尾巴三片不寻常
它们游泳很有力
身上八只鳍，都能帮大忙

答：它们常居住在黑暗寒冷的深海。

## 海底档案

名称：拟态章鱼

体长：可达60厘米

分布：浅水沙地

食物：贝类、虾和蟹等

# 伪装大师

# 拟态章鱼

拟态章鱼的身体非常柔软，它们有八只灵活的触手，成年之后的体长大约在 60 厘米左右。它们喜欢吃贝类、虾、蟹等生物，平时主要生活在食物丰富的浅水沙地。

拟态章鱼所生活的浅水沙地并不适合躲藏，在遇到危险时，它们不得不伪装自己。拟态章鱼的体内有数万个色袋，通过放松或收缩色袋，它们能与任何背景融为一体。

呱唧：

“拟态章鱼隐身了！”

拟态章鱼不仅能改变身体的颜色，还能利用肌肉控制自身皮肤的形态。聪明的拟态章鱼能瞬间在平滑的沙质海底或凹凸不平的暗礁上隐匿不见。

拟态章鱼不能通过喷墨汁来躲避捕食者，只能假扮成有毒的海洋生物，来进行自我保护。为了帮助巴克队长对付海鳗，拟态章鱼把自己变成了海蛇的样子，一变就是三条海蛇！



>>>>>海星问答区>>>>> 问：为什么拟态章鱼能变色？

为了吓唬呱唧，拟态章鱼把身体变成了狮子鱼的样子，然后悄悄游到呱唧身后。呱唧一个转身，吓了一大跳！

## 悄悄告诉你

除了防御敌人，拟态章鱼有时也会将自己的身体伪装成比目鱼的样子来吸引猎物。

除了海蛇和狮子鱼，拟态章鱼还能模仿蓝环章鱼、毒鲉等剧毒生物。

### 拟态章鱼
## 海底报告

拟态章鱼变形状
体形多变有花样
变来变去不平常
危险动物能模仿
遇险不躲也不藏
什么也不怕，自救靠伪装

答：拟态章鱼体内有数万个色袋，它们通过控制色袋来变色。

## 海底档案

名称：躄鱼

本领：伪装

体长：可达30厘米

分布：热带、亚热带海域

# 用鳍走路的鱼

# 躄 鱼

呱唧正在海里观察珊瑚礁，突然他的脚下传来了说话声，可他并没有发现任何生物。过了一会儿，一条颜色与珊瑚礁一模一样的小鱼游了出来，原来是躄鱼！

躄鱼又名跛脚鱼，它们不擅长游泳，行动缓慢，一般静静地趴在海底或用臂状的胸鳍缓慢爬行。

“咦，躄鱼又藏到哪里去了？”

躄鱼擅长模仿珊瑚礁区的海绵、水生植物、礁石和碎砾，不论是颜色、花纹，还是表面粗糙的程度，都与它栖息的环境或周围生物的形态十分相似，让人难以分辨。

躄鱼有着高超的猎食技巧，它们的额前有触角，触角前端的突出形似诱饵。在猎食时，它们会摇动触角引诱猎物，趁其不备再一口将它吞下。

>>>>>海星问答区>>>>> 问：躄鱼是怎样猎食的？

躄鱼原本藏身的鱼礁被风暴摧毁了，海底小纵队用小丑鱼艇为它们做了一个人工鱼礁。躄鱼开心地游进新家并伪装起来，呱唧找了半天都没找到它们。

## 悄悄告诉你

躄鱼腹部扩张力极强，所以它们能吞下比自己身体更大的食物。

雌性躄鱼能产出形状非常特殊的团块卵，这些卵团能在水中漂浮，每个卵团包含的卵粒可达三十万粒之多。

### 躄　鱼

## 海底报告

躄鱼融入周围来隐身
皮肤变色五彩缤纷
它们爱在鱼礁中藏身
伪装一流难辨认
没了鱼礁慌了神
有人工鱼礁，同样很开心

答：它们会摇动触角引诱猎物，趁其不备再一口将它吞下。

## 海底档案

名称：椰子章鱼

本领：会使用椰壳

分布：印度洋、西太平洋海域等

食物：浮游生物

## 椰壳里的隐居者

# 椰子章鱼

呱唧的海盗椰子莫名被盗，沙滩上的椰壳也突然自己移动了起来，大家觉得十分奇怪。一番调查后大家发现，原来是椰子章鱼偷了呱唧的椰壳。

达西西：

“看！会走路的椰子！”

椰子章鱼又名条纹蛸，它们在自然界中有很多天敌。遇到危险时，它们会把自己藏进椰壳中，伪装成椰子，捕食者受到误导，椰子章鱼也就躲过了危险。

椰子章鱼非常珍惜自己捡来的椰壳，搬家时也不肯丢弃自己的宝贝椰壳。它们会非常努力地把椰壳夹在腋下，一步一踉跄地把珍贵的椰壳带走。

椰子章鱼的椰壳多半是人类扔的废弃物，在没有椰壳做藏身工具的时候，椰子章鱼们会藏在大贝壳里。巴克队长了解情况后，让椰子蟹打开了许多椰壳送给椰子章鱼们。



>>>>>海星问答区>>>>>> 问：椰子章鱼会随意扔掉自己的椰壳吗？

一般情况下，椰子章鱼会用多条腕足在海底爬行。找不到椰壳的时候，它们会把 8 条腕足中的 6 条盘在脑袋上，用剩下的两条腕足在海底行走，把自己伪装成一个会走路的椰子！

## 悄悄告诉你

椰子章鱼的分布会受人类活动的影响，在瓶子、罐子、椰子壳等废弃物比较多的地方，椰子章鱼的数量尤其多。

雌性椰子章鱼十分尽责，从产卵第二天开始就不再进食，专心照顾自己的卵。在专注地照顾自己的卵大约 8 天后，它们的生命就结束了。

椰子章鱼

## 海底报告

椰子章鱼本领强
爱在椰子壳中藏
它们找到两半椰壳
藏身其中真是棒
两半椰壳扣一起
章鱼住进去，安全有保障

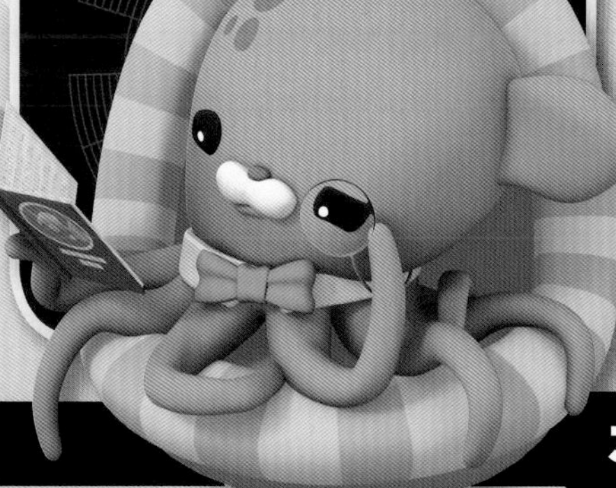

答：不会，椰子章鱼非常珍惜自己捡来的椰壳。

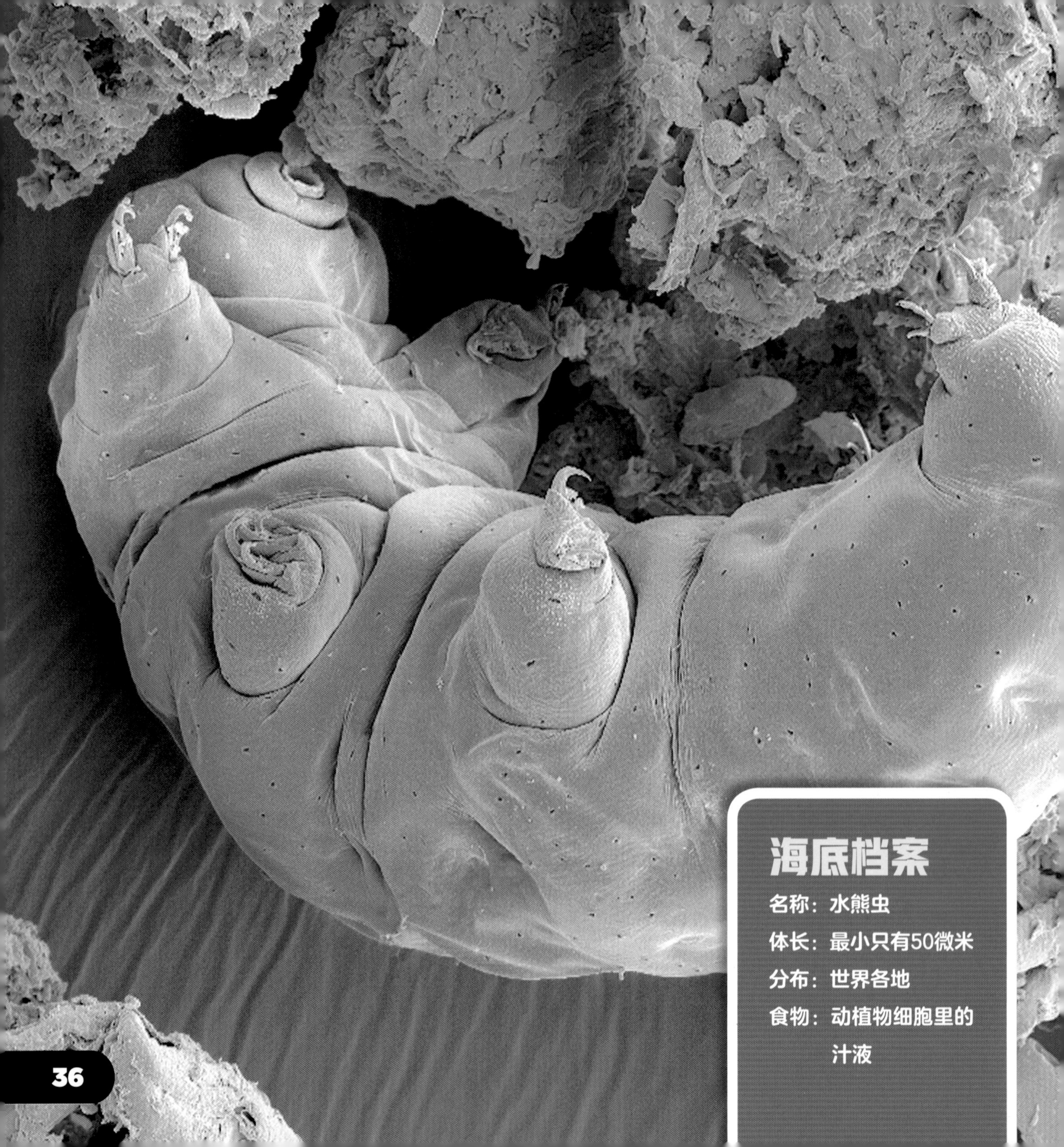

## 海底档案

名称：水熊虫

体长：最小只有50微米

分布：世界各地

食物：动植物细胞里的汁液

# 地表最强生物

# 水熊虫

海底小纵队在熔岩隧道里发现了水熊虫。这种神奇的动物体长一般不会超过 1 毫米。它们的身体共有 4 个体节，每个体节上都有 1 对足。

水熊虫的生命力十分顽强，在海拔 6000 多米的高山和深达 4000 多米的海沟都能找到它们的身影，它们甚至能在真空环境以及放射性射线下存活。

皮医生：

“水熊虫体形极小，肉眼看不到！”

岩浆马上就要喷发了，即将灌满整个岩洞。海底小纵队十分着急，他们得赶快把水熊虫带出去。水熊虫们却不着急，它们竟然安稳地趴在石头上，仿佛睡着了。

水熊虫在极其恶劣的环境下，会排出体内水分，蜷缩成圆桶形，静静地忍耐蛰伏，并且停止所有的新陈代谢，这种状态被称为隐生。

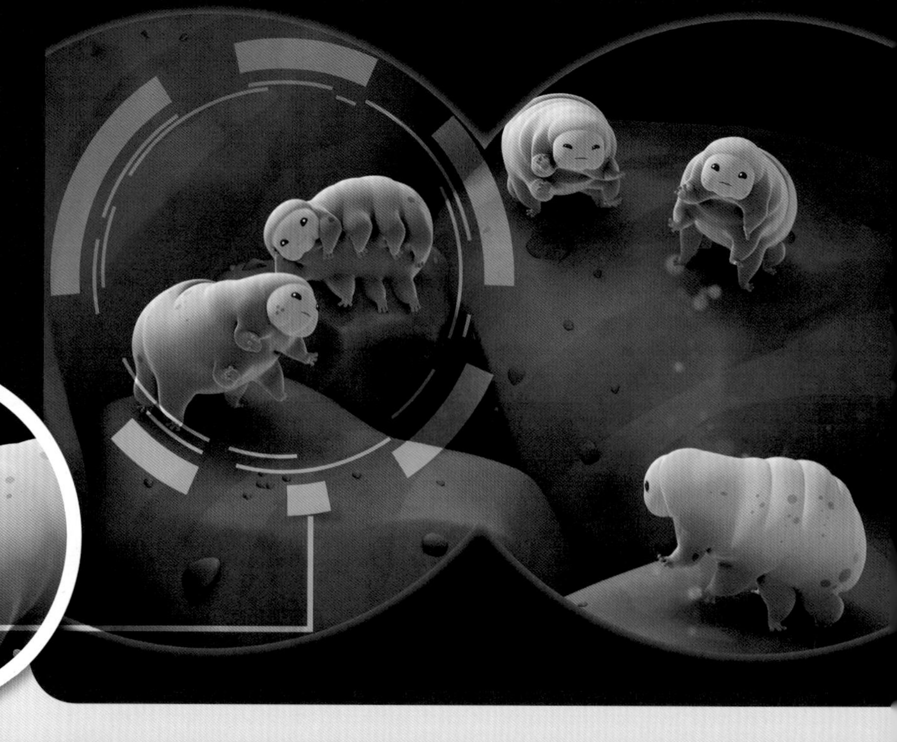



>>>>>海星问答区>>>>> 问：水熊虫为什么能在高温的熔岩隧道生存？

水熊虫是目前人类已知的生命力最顽强的动物，它们在隐生后能够迅速复活。水熊虫从卵里生出来就已成年，没有幼年期，身体里细胞的数量终生都不会改变。

## 悄悄告诉你

水熊虫的种类有记录的约有 900 余种，分布在世界各地。

除了能在高山、深海生存，水熊虫甚至可以在没有防护措施的情况下在外太空生存。

**水熊虫**

## 海底报告

水熊虫们非常小
睁大眼睛也难找
长得小却不一般
恶劣环境能自保
高温从来不害怕
温度若太高，倒头睡大觉

答：因为水熊虫在极其恶劣的环境下会进入隐生状态。

## 图书在版编目 (CIP) 数据

海底小纵队·海洋动物大探秘．神秘隐士 / 海豚传媒编．-- 武汉 : 长江少年儿童出版社 , 2018.11

ISBN 978-7-5560-8689-4

Ⅰ．①海… Ⅱ．①海… Ⅲ．①水生动物－海洋生物－儿童读物 Ⅳ．① Q958.885.3-49

中国版本图书馆 CIP 数据核字 (2018) 第 154533 号

## 神秘隐士

海豚传媒 / 编

责任编辑 / 王 炯　张玉洁　何亚男

装帧设计 / 刘芳苇　美术编辑 / 魏嘉奇

出版发行 / 长江少年儿童出版社

经　销 / 全国新华书店

印　刷 / 佛山市高明领航彩色印刷有限公司

开　本 / 889×1194　1 / 20　2印张

版　次 / 2022年2月第1版第2次印刷

书　号 / ISBN 978-7-5560-8689-4

定　价 / 15.90元

本故事由英国Vampire Squid Productions 有限公司出品的动画节目所衍生，OCTONAUTS动画由Meomi公司的原创故事改编。

策　划 / 海豚传媒股份有限公司

网　址 / www.dolphinmedia.cn　邮　箱 / dolphinmedia@vip.163.com

阅读咨询热线 / 027-87391723　销售热线 / 027-87396822

海豚传媒常年法律顾问 / 湖北珞珈律师事务所　王清　027-68754966-227